AF586249

SUR

LA CULTURE DU MÛRIER,

L'ÉDUCATION DU VER A SOIE,

ET

LE DÉVIDAGE DES COCONS

DANS L'INDE ORIENTALE.

QUESTIONS

POSÉES PAR UN HABITANT DE BOURBON

ET RÉSOLUES

PAR M. PERROTET,

BOTANISTE AGRICULTEUR DU GOUVERNEMENT.

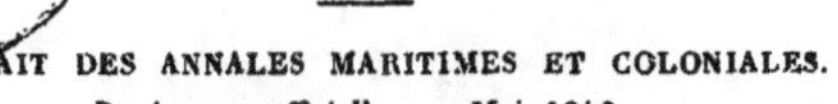

EXTRAIT DES ANNALES MARITIMES ET COLONIALES.
Partie non officielle. — Mai 1840.

SUR

LA CULTURE DU MÛRIER,

L'ÉDUCATION DU VER A SOIE,

ET

LE DÉVIDAGE DES COCONS

DANS L'INDE ORIENTALE.

1re *Question.* Quelles sont les espèces de mûriers cultivées pour l'éducation des vers à soie?

A Pondichéry on en cultive 3 espèces, savoir : *Morus indica Linn.*, *Morus latifolia Poir.* (Encyclopédie), et *Morus multicaulis Perr.* La première est la plus répandue et celle que l'on cultive le plus généralement.

2e *Question.* Quelles sont les différences qui distinguent ces espèces?

Le *Morus indica* pousse de sa racine un grand nombre de tiges droites, fermes, minces et roides. Ses feuilles sont souvent entières, petites et fermes à l'âge adulte, très-rapprochées sur les tiges et les rameaux; elles sont ovales-arrondies, cordiformes, dentées en scie sur les bords, souvent acuminées, entières ou lobées (de 3 à 5 et jusqu'à 9 lobes profonds). Rien n'est aussi variable que ces feuilles; on en trouve présentant ces diverses formes sur le même pied. Ce mûrier est monoïque, c'est-à-dire que les fleurs mâles et femelles naissent séparément sur le même chaton et le même individu, et quelquefois dioïques, où les sexes

[1] Ces questions avaient été adressées par un habitant de Bourbon à un officier de la marine française qui se rendait dans l'Inde vers la fin du mois de juin 1839.

sont séparés sur des individus différents. — Le fruit est ordinairement petit, arrondi ou allongé, oblong et cylindrique ; il est d'abord rouge, puis noir à la maturité ; alors on le mange avec plaisir, le goût en étant aigrelet.

Le *Morus latifolia* pousse moins de branches de sa racine, ce qui le rend plus facile à élever en arbre. Ses branches sont plus grosses, plus fermes et moins feuillées que celles du précédent. Ses feuilles sont larges, arrondies, acuminées, cordiformes et dentées en scie sur les bords ; elles sont fermes, coriaces, glabres, d'un vert luisant, et très-rarement lobées (de 3 à 5 lobes). Les fleurs sont monoïques ou dioïques ; le fruit est assez gros, presque cylindrique, long d'environ un pouce et demi à deux pouces, noir, et bon à manger à la maturité.

Le *Morus multicaulis* ou multitige, ainsi que l'indique son nom, pousse de la racine une foule de tiges en forme de baguettes, longues, flexibles, assez grosses, et d'un gris cendré vers le bas. On peut néanmoins, avec quelques soins, élever ce mûrier en arbre ou en arbrisseau ; les feuilles, espacées sur les tiges, sont très-grandes, larges, arrondies, acuminées, cordiformes, parsemées sur les bords de dents arrondies et mucronées ; elles sont longuement pétiolées, à surface bullée, d'un vert pâle luisant des deux côtés. Les fleurs mâles et femelles naissent sur le même chaton, et sont par conséquent monoïques ; le fruit qui leur succède est long d'un pouce environ, presque cylindrique, assez gros et d'un noir mat à la maturité, et très-bon à manger.

Dans le Deccan on en cultive 6 espèces ; mais le mûrier indien y domine et y est généralement préféré. On le multiplie de bouture et de semence.

3e *Question*. Quelles sont les qualités ou les circonstances qui font préférer telle espèce à telle autre ?

Le *Morus indica* est préféré dans l'Inde parce qu'il est plus robuste, qu'il se multiplie avec une facilité et une promptitude extrême, et qu'il croît dans tous les terrains. Les autres espèces y sont à peine connues, et encore peu multipliées, quoique pourtant de bonne qualité.

4ᵉ *Question.* Quel est le terroir, et quelle est la température qui convient le mieux à chaque espèce?

Quant au terrain, presque tous conviennent aux mûriers et surtout à l'espèce indienne; cependant on peut dire qu'un sol léger, dans lequel on trouve un mélange de sable et de terre plus ou moins compacte, conservant une certaine dose d'humidité, donnera lieu à une végétation plus belle et plus soutenue. Quant à la température, on peut affirmer que les espèces de mûrier, en général, résistent parfaitement, et conservent leur existence dans un climat très-chaud comme dans un climat très-froid; mais, pour obtenir une végétation presque continuelle et vigoureuse, les pays chauds et humides conviendront, sans aucun doute, beaucoup mieux.

5ᵉ *Question.* Taille-t-on les mûriers? les greffe-t-on? dans quel cas? et dans quelle saison?

Lorsque les mûriers sont cultivés en taillis ou en haie, on recèpe les tiges tous les deux ou trois ans pour leur en faire pousser de nouvelles, afin d'obtenir une végétation plus vigoureuse et des feuilles plus grandes. La saison, pour cette opération, est indifférente; on la pratique en tout temps. On ne greffe point les mûriers dans l'Inde; lorsque ces arbres sont élevés en arbrisseau de 4, 6 et 8 pieds de haut, on est obligé d'ébourgeonner et de tailler souvent les rameaux et les branches qui poussent et naissent en dedans, et qui sont difformes, afin de faire prendre à l'arbre une cime arrondie et avantageuse. Ces opérations se pratiquent toute l'année et chaque fois que le besoin l'exige.

6ᵉ *Question.* Ramasse-t-on la feuille entièrement, ou en laisse-t-on une partie?

On laisse, et il faudra bien se garder d'en agir autrement, celles qui se trouvent à l'extrémité des branches et des rameaux pour entretenir la végétation, qui ne doit jamais être suspendue pendant la durée de l'éducation des vers à soie. En général on ne les cueille jamais toutes.

7ᵉ *Question.* Les repousses dans la même année sont-elles aussi propres à la nourriture des vers à soie que les premières feuilles?

Les jeunes pousses ne doivent jamais être données aux vers, pas même à ceux qui viennent d'éclore, parce qu'ils ne contiennent encore aucun suc nutritif, et que cette végétation aqueuse les rendrait faibles et débiles. Les feuilles de mûrier qui ont un ou plusieurs mois d'existence peuvent être données sans inconvénient aux vers à soie, et leur fournir une nourriture très-substantielle; mais il conviendra de la couper très-finement pour les jeunes, ceux qui viennent de naître.

8ᵉ *Question.* Cueille-t-on les feuilles sur le même arbre plusieurs fois dans l'année pour les donner aux vers à soie?

On cueille jusqu'à 4 et même jusqu'à 5 fois les feuilles sur les mêmes tiges, surtout quand on a la précaution de ne jamais les enlever toutes pendant la durée d'une éducation. Ces feuilles, données aux vers à soie, sont nutritives et de bonne qualité quand on a soin de les prendre graduellement en descendant vers les racines, selon l'âge des vers à soie.

9ᵉ *Question.* Quel est le dernier degré de sécheresse, d'humidité, de chaleur ou de froid que chaque espèce de mûrier peut supporter sans périr?

Ces questions sont difficiles à résoudre en entier dans l'état actuel de nos connaissances. L'espèce de *mûrier* dite indienne, je le répète, est très-rustique; elle peut supporter une sécheresse et une chaleur extrême sans périr. Des plantations d'une grande étendue, qui avaient été faites à Pondichéry dès 1827, se sont conservées pendant plus de 8 ans, entièrement abandonnées à elles-mêmes. Les individus qui les composaient ont supporté pendant tout ce temps des sécheresses souvent de plus de 10 mois, et des chaleurs de 33° à 40° centigrades, sans que leur existence ait été compromise un seul instant. Il n'en est pas de même de l'extrême humidité : lorsque les pieds de mûrier restent dans l'eau pendant 8 à 10 jours, sans que cette eau soit renouvelée, ces mûriers meurent indistinctement; mais ils se conservent vivants dans les terres qui sont souvent inondées et dont l'eau s'écoule rapidement, à moins que ces terres soient très-compactes et fort argileuses; alors le mûrier y languit et périt à la longue. Les autres espèces sont, à tous égards, dans le même cas.

10e *Question*. Quelle différence y a-t-il entre chaque espèce quant à l'activité de la végétation et à l'abondance des feuilles et à leur qualité?

Le mûrier multicaule végète plus rapidement et plus vigoureusement que le mûrier indien et qu'aucune des autres epèces connues; ses feuilles sont infiniment plus grandes, fournissent une quantité de nourriture plus abondante et de meilleure nature que celles des autres espèces. Le mûrier à larges feuilles végète également plus vigoureusement et produit beaucoup plus de feuilles, par cela seul qu'elles sont plus grandes que le mûrier indien ; mais je crois celles de celui-ci de meilleure qualité pour la nourriture des vers à soie, en ce qu'elles sont plus riches en principes résineux et d'une digestion plus facile.

11e *Question*. Quelle espace de terrain chaque espèce occupe-t-elle dans une plantation régulière? c'est-à-dire quelle est la distance entre chaque pied?

Lorsqu'on plante le *Morus indica* pour l'avoir en taillis, on le fixe dans des lignes distantes entre elles de 6 pieds, et chaque plan dans la ligne éloigné de 3 pieds. Lorsqu'au contraire on le plante pour l'élever en arbrisseau de 4, 6 et 8 pieds de haut, on le place dans des lignes distantes entre elles de 12 pieds et chaque arbre dans la ligne est mis à 6 pieds. Cette dernière manière est très-avantageuse; elle est généralement pratiquée dans le Deccan.

12e *Question.* De quelle manière chaque espèce se propage et se multiplie-t-elle?

Toutes les espèces, sans exception, se multiplient de bouture, de marcotte et de graines. On les cultive comme je viens de l'indiquer dans l'article précédent; on laboure à la charrue les espaces compris entre les lignes et l'on sarcle à la houe et à la main le voisinage des mûriers.

13e *Question.* Quels sont les effets des engrais sur le mûrier quant aux vers à soie? et quels engrais conviennent le mieux?

Les engrais ne paraissent avoir aucune influence directe sur le ver à soie, si ce n'est que les feuilles des mûriers qui résultent de leur action, pour ainsi dire simultanée, sont grandes, bien développées et de bonne qualité quand elles sont bien mûres sans toutefois être jaunes. Les fumiers de toutes sortes et de toutes natures bien consommés, conviennent également bien aux diverses espèces de mûrier; cependant celui provenant de détritus de végétaux est et devra toujours être préféré. Toutefois j'ai remarqué que les feuilles des mûriers qui croissaient dans un sol de nature sèche, maigre, sans pourtant être aride, fournissaient une nourriture plus substantielle et plus solide aux vers à soie, que celles provenant de mûriers cultivés dans un sol trop riche et très-fumé.

14e *Question.* Quelles sont les propriétés de la feuille, du bois, du fruit, de l'écorce et autres parties des mûriers dans chaque espèce, et quel est l'usage auquel, indépendamment de l'éducation des vers à soie, ses propriétés les rendent propres?

La feuille des mûriers n'a pas d'autre propriété, que je sache, que celle de nourrir les vers à soie. Le bois des différentes espèces connues est dur et souvent nuancé de couleurs variées; il est employé à divers usages par les menuisiers, les ébénistes, etc. Le fruit, qui est le plus souvent noir dans les diverses espèces, est servi sur les tables comme fruit de dessert; on en fait des sirops rafraîchissants qui sont estimés et fort recherchés par les habitants des divers pays où ces arbres sont cultivés. De l'écorce on en extrait une fibre fort tenace qui sert à faire des cordes. En Chine on en fait du papier.

15° *Question.* Quel est l'effet des plantations de mûrier sur les qualités végétales du sol qu'elles occupent?

Les mûriers sont extrêmement voraces, et épuisent en très-peu de temps les terrains sur lesquels ils végètent. Il convient, pour cette raison, de renouveler souvent les plantations et de les changer de localités si l'on veut en obtenir des résultats satisfaisants et continus.

16° *Question.* A quelle maladie le mûrier est-il sujet?

Dans l'Inde, à aucune à moi connue.

Relativement aux vers à soie.

1re *Question.* Quelles sont les espèces à l'éducation desquelles on s'adonne le plus généralement?

On connaît trois variétés de vers à soie dans l'Inde, c'est-à-dire à Poonah et dans les environs de Pondichéry, qui sont les seules que l'on soumette à une éducation régulière. Je ne les connais point par des noms particuliers; elles produisent les cocons blancs, jaunes et soufrés.

2e *Question.* Quelles sont les raisons de cette préférence?

Il ne saurait y avoir de préférence, puisque l'on n'y connaît que ces trois variétés, qui sont très-bonnes et très-productives. Je ne parlerai point des espèces qui existent à l'état sauvage dans le Bengale, et qui vivent sur le *zizyphus jujuba*, dit mançonier, et sur l'*odina wodier Wight*, dit wodier maron, dont l'un donne naissance à un superbe papillon connu sous le nom de *Bombyx baphia*, parce que je n'ai aucune connaissance de ces chenilles, qui ne sont point soumises à une éducation régulière, même dans le pays où elles sont originaires.

3e *Question*. Y a-t-il des espèces que l'on y rejette? y en a-t-il que l'on ait abandonnées après les avoir élevées, et pourquoi?

Je n'en connais aucune et je ne pense pas qu'on en ait jamais abandonnée, du moins dans le Deccan et à Pondichéry, où l'industrie de la soie se trouve répandue, surtout dans le premier endroit.

4e *Question*. Quelles sont les différences propres à faire reconnaître les diverses espèces de vers à soie dans les vers, le cocon ou la graine.

L'espèce de ver de l'Inde se reconnaît à 3 paires de taches noires qui existent sur le dos, depuis la tête à la partie inférieure du corps, et par une petite touffe de soies roides placée sur et à l'extrémité de cette même partie. Tout le corps est grisâtre et a deux pouces et plus de longueur; il est couvert d'une espèce de duvet, pubescent d'abord, qui est caduc, puis lisse et luisant à l'âge adulte et au moment de la montée.

Comme je l'ai dit précédemment, le cocon qu'il produit est blanc, jaune et soufré. Les œufs n'ont rien qui puisse, ce me semble, les faire distinguer de ceux des autres espèces connues.

5e *Question*. Croise-t-on les espèces? lesquelles? dans quel cas? quel avantage y trouve-t-on?

Dans le Deccan, M. Mutti, surintendant des cultures du gouvernement anglais, m'a assuré avoir croisé et accouplé des papillons des trois variétés dont j'ai parlé ci-dessus, et qu'il en avait obtenu des hybrides et des variétés fort robustes, produisant des cocons de très-bonne qualité sans aucun changement de couleur. Je crois que l'on pourrait, dans le même but, et lorsque l'on voudrait obtenir des vers plus robustes, croiser des races différentes ou des variétés qui auraient perdu leur première énergie; nul doute qu'on n'en obtînt de bons résultats.

6e *Question*. Quelle est la grosseur du ver à soie dans chaque espèce, au bord de la mer et dans les montagnes? quelle est la durée de sa vie, son appétit pour la feuille dans ces deux circonstances de lieu?

Le ver à soie m'a paru un peu plus fort à Poonah et dans d'autres lieux du Deccan qu'à Bombay, situé sur le bord de la mer; mais j'ignore si cette légère différence provient des localités: je ne le pense pas; car j'ai vu à Pondichéry des vers et des cocons au moins aussi beaux que dans le Deccan, qui est situé fort avant dans les terres. La durée de sa vie, dans les mois de décembre, janvier et février, à Poonah et à Pondichéry, est ordinairement de 25 à 28 jours; et dans les mois de mars, avril, mai, juin, etc., elle est de 21 jours, c'est-à-dire que depuis sa naissance jusqu'à l'achèvement de son cocon, le ver met ce laps de temps à parcourir les diverses périodes qui constituent sa vie normale. Son appétit m'a paru le même dans les deux circonstances de lieu: il mange avec voracité surtout après la quatrième mue, dans les deux endroits.

7e *Question*. Quelles sont les espèces les plus faciles et les plus difficiles à élever?

Comme on ne connaît dans les parties de l'Inde que j'ai visitées que les trois variétés dont j'ai fait mention précédemment, la question ici est toute résolue. Je ne pense pas qu'on puisse y en avoir de plus avantageuses et de plus faciles à élever, donnant un produit aussi abondant, aussi facile à obtenir et aussi continu. La soie qui en provient est aussi belle que celle de Chine ; mais elle est généralement mal dévidée.

8ᵉ *Question.* Quelle est la température qui convient le mieux à chaque espèce dans les différents âges?

J'ai remarqué que le ver à soie de l'Inde se reproduisait et prospérait également bien depuis la température de 8° centigrades au-dessus de zéro, jusqu'à celle de 32° et plus, de chaleur de ce même thermomètre. Cependant, il faut le dire, les cocons que j'ai obtenus dans les mois d'avril et de mai étaient plus durs et plus étoffés que ceux formés pendant les mois de janvier et de février, alors que la chaleur naturelle de l'air était à 25°, et 32° et souvent plus durant les mois d'avril et de mai.

9ᵉ *Question.* Quel est le degré extrême de chaleur, de froid, de sécheresse ou d'humidité que chaque espèce peut supporter?

Les variétés de vers dont il s'agit ici peuvent supporter une chaleur de 35° centigrades au moins, et de 5° de froid au-dessus de zéro du même thermomètre, et moins encore ; elles endurent également très-bien une sécheresse de 20° de l'hygromètre de Saussure, et de 90° à 100° d'humidité de ce même instrument. Ce sont là des extrêmes qui ont lieu de surprendre, et que personne jusqu'ici, que je sache, n'avait encore signalés ; c'est pourtant ce que j'ai eu occasion d'observer dans le Deccan, à Poonah et à Sassoor.

10ᵉ *Question.* Quelle différence y a-t-il, quant à l'époque de la montée et à la force du cocon, entre les vers à soie élevés dans une atmosphère trop chaude, trop froide, trop humide ou trop sèche ? entre des vers à soie nourris abondamment ou avec parcimonie ; entre des vers à soie nourris de feuilles humides ou sans humidité, fraîchement cueillies ou conservées un certain temps avant d'être servies?

Ainsi que je l'ai dit à l'article 8, les vers à soie élevés dans une atmosphère chaude de 32° et plus, et dans un air sec de 20° à 30°, montent aux rameaux 5 à 6 jours plus tôt que ceux élevés dans une atmosphère froide de 6° et moins, et dans une humidité de 90° à 100°. Le cocon est plus ferme, plus étoffé et plus lourd de beaucoup dans le premier cas. Quand les vers sont nourris abondamment et régulièrement, ils montent également plus vite, forment de plus beaux cocons composés de plus belle soie que ceux nourris avec parcimonie. Ceux élevés avec des feuilles humides ou mouillées restent languissants et ne peuvent monter aux rameaux; ils répandent sur la claie, même parmi la litière, une mauvaise bourre de soie qui n'a aucune valeur. Ceux, au contraire, qui sont nourris avec de la feuille non humide, cueillie et conservée un certain laps de temps avant d'être servie, montent promptement, forment de beaux et bons cocons dans l'espace de 24 à 38 heures; la soie en est belle et très-facile à dévider.

11ᵉ *Question*. Quelle différence y a-t-il dans les mêmes circonstances, quant au nombre des vers qui parviennent à la montée et à la grosseur du cocon?

Je ne puis trop répondre à cette question que je ne comprends pas très-bien; l'article précédent semble la résoudre autant que je puis le présumer.

12ᵉ *Question*. Supplée-t-on à l'insuffisance de la feuille par quelque farine; et quelle différence résulte de ce moyen dans la durée de l'éducation, la santé et le travail du ver à soie?

On saupoudre les feuilles de mûrier vers la fin de la quatrième mue, non pour suppléer à une insuffisance de nourriture, mais pour donner plus de force au ver, d'une petite quantité de farine de riz très-fine et de bonne qualité. Cette espèce de condiment, qui donne de la vigueur au ver, influe d'une manière remarquable sur le cocon et la soie dont il est composé, en lui donnant une grande fermeté, de l'étoffe, et beaucoup de nerf et de solidité à la soie, qui est généralement plus fine et plus moelleuse de beaucoup que celle provenant des vers qui n'auraient pas été nourris de même ; mais il ne paraît pas, du moins sensiblement, accélérer ou retarder l'éducation du ver qui est dur et bien replet.

13e *Question.* Quelle économie peut-on faire sur la feuille par ce moyen?

L'économie de feuille qui résulte de ce procédé est très-notable parce que la farine de riz très-fine nourrit beaucoup et bien le ver à soie et le rassasie promptement, surtout quand elle est répartie avec intelligence et uniformité.

14e *Question.* Dans quelle proportion cette farine peut-elle être donnée, à quel âge, dans quelle circonstance?

En général on doit en tamiser très-peu à la fois sur les feuilles que l'on a servies aux vers ; on les saupoudre légèrement sans qu'elles en paraissent blanchies; mais elle doit être disséminée très-également et uniformément. La quantité à chaque repas ne saurait être fixée exactement : c'est à l'intelligence de l'éducateur à déterminer cette proportion.

J'ai dit, à l'article 12, à quel âge et dans quelle circonstance on devait donner cette farine : on ne doit guère en faire la distribution qu'à la sortie de la quatrième mue, ou rarement pendant la troisième.

15e *Question.* Combien d'éducations fait-on dans les diverses contrées de l'Inde ?

A Poonah, et dans d'autres contrées du Deccan, on fait

de six à huit éducations ; à Pondichéry on peut en faire six sans se gêner. On irait à un plus grand nombre si les plantations de mûriers étaient disposées et traitées en conséquence; car j'ai remarqué que la chaleur, quelle qu'elle soit, n'incommodait jamais les vers à soie, qui, au contraire, mangent avec une grande avidité et paraissent s'en trouver fort bien.

16e *Question.* Y a-t-il des magnaneries continues?

On ne voit point de magnaneries d'une grande étendue ni continues dans le Deccan et les environs de Bengalor. Ce sont généralement les indigènes qui cultivent le mûrier et élèvent le ver à soie, de sorte qu'on ne remarque aucune magnanerie proprement dite, ou de bâtiment construit dans ce but. On élève les vers dans des payotes, autrement dit cases, dans lesquelles sont disposées des étagères où l'on place des paniers d'environ un mètre de long sur deux pieds et demi de large. La seule magnanerie un peu vaste que j'aie rencontrée est celle de M. Mutti, à Poonah; elle consiste en une espèce de case couverte en chaume et entourée ou close d'un mur en torchi : elle a de 50 à 80 pieds de long sur 18 de large, et environ autant de hauteur. Les étagères, qui se trouvent au centre, sont faites avec des bois tortueux, courbes et sans aucune façon. Les rouets et les fourneaux à l'usage du tirage de la soie sont placés dans un autre bâtiment construit de la même manière que le précédent. Ces rouets sont simples et très-grossièrement faits. Les fourneaux sont en brique et ont leur foyer placé en dehors de la case. Une bassine en cuivre est placée au centre de chaque fourneau; celui-ci est surmonté d'un tuyau en terre cuite de 8 pieds de haut.

Dans le Deccan on n'élève les vers à soie que depuis le mois de mars jusqu'au mois de septembre; par conséquent les éducations n'y sont point continues.

A Pondichéry il existe une magnanerie appartenant au gouvernement, qui est construite sur une grande échelle.

Les étagères dont elle est garnie mesurent une surface de 13 milles et quelques centaines de pieds carrés; de sorte qu'on peut y élever une centaine d'onces d'œufs ou de vers provenant de ces œufs. Ces étagères sont en bois de palmier et les claies en bois de sapin.

Plusieurs Indiens élèvent des vers à soie à Pondichéry, dans leur propre demeure; mais jamais toute l'année, faute d'avoir de la feuille de mûrier en suffisante quantité à leur disposition.

17e *Question.* Les tablettes qui ont servi sont-elles de nouveau employées sans précautions pour une éducation nouvelle?

On se sert toujours des mêmes tablettes et des mêmes claies pour élever les vers à soie; à cet effet, on se contente de les nettoyer et d'enlever toutes les toiles d'araignée, les insectes, etc., qui pourraient s'y trouver nichés ou cachés.

18e *Question.* Quels sont les moyens de ventilation et d'assainissement usités dans l'Inde?

Je n'ai vu dans les différents endroits que j'ai visités aucun ventilateur dans les lieux où on élève le ver à soie. Quand la chaleur et la sécheresse sont extrêmes, on arrose fréquemment l'intérieur et l'extérieur des emplacements. Pour empêcher les fourmis, les rats, les kancrelats, etc., de monter dans les claies, on place les montants des étagères qui les supportent dans des vases en terre cuite ou en pierre, etc., que l'on tient pleins d'eau; ou bien l'on entoure le pied de ces montants d'une couche de brai gras ou encore de coton à longue soie. Ces moyens faciles et peu coûteux suffisent ordinairement pour se préserver de ces animaux destructeurs. Comme on élève les vers pour ainsi dire en plein air, on n'a pas besoin d'assainir les endroits où ils se trouvent, puisqu'ils le sont naturellement.

19e *Question.* A température égale, y a-t-il des situations ou des expositions qui conviennent mieux aux vers à soie, et quelles sont-elles?

Les magnaneries ou les ouvertures des magnaneries qui sont construites au soleil levant conviennent mieux aux vers à soie que celles placées à toute autre exposition. Le soleil couchant nuit et contrarie le ver à soie. L'on évite et l'on doit toujours éviter de pratiquer des ouvertures du côté du nord, parce que le vent qui vient de cette direction est ordinairement froid, sec et souvent violent : le ver s'en trouve généralement mal, en ce qu'il est contrarié dans ses habitudes.

20ᵉ *Question.* Remarque-t-on une différence dans les produits quand les vers à soie ont été élevés dans une température naturellement convenable, et quand cette température a été artificiellement entretenue dans la magnanerie?

La différence qui existe entre le poids des cocons et la qualité de la soie provenant de vers élevés dans une température naturelle, celle de l'air atmosphérique, et celui de ces mêmes produits résultant de vers élevés dans une magnanerie fermée et dans un air factice ou artificiel, est très-notable. On conçoit facilement qu'il en soit ainsi, puisque le ver, dans le dernier cas, se trouve dans une atmosphère qui n'est pas celle que la nature lui a assignée, c'est-à-dire, celle dans laquelle il s'est trouvé primitivement (l'état sauvage).

21ᵉ *Question.* L'air qui est fortement oxygène convient-il mieux ou moins aux vers à soie que celui qui l'est faiblement?

L'air naturel et tel qu'il se trouve dans l'atmosphère, oxygéné par conséquent dans ses justes proportions et convenablement agité, convient, sans aucun doute, beaucoup mieux aux vers à soie que celui qui l'est dans des propor tions moindres, ou, en d'autres termes, dont une partie aurait été absorbée par les vers eux-mêmes ou autres êtres vivants; ce qui ne pourrait avoir lieu que dans un appartement fermant hermétiquement ou à peu près, parce qu'alors l'oxygène absorbé, ne pouvant être remplacé immédiatement par d'autre, entraînerait infailliblement la mortalité des vers. D'ailleurs la quantité d'oxygène qui forme une des parties essentielles de la composition de l'air atmosphérique ne peut varier ni en plus ni en moins, autrement il n'y aurait plus d'équilibre. Dès lors il n'est pas au pouvoir de l'homme d'augmenter ou de diminuer à volonté cette quantité; mais ce qui arrive fréquemment, et selon les circonstances de lieux, c'est l'interposition ou le mélange, entre les couches de l'air atmosphérique, d'une certaine quantité d'acide carbonique et autres gaz nuisibles, qui se développent à la surface de la terre par la fermentation et la décomposition des diverses matières qui s'y trouvent. Ces gaz, lorsqu'ils sont en grande masse, nuisent singulièrement aux diverses races d'animaux qui peuplent la terre et en font souvent périr un grand nombre dans les lieux où le renouvellement de l'air ne peut se manifester avec assez de promptitude. Ce que l'homme peut et doit faire alors est de neutraliser ces gaz délétères, ou de les éloigner le plus promptement possible, en employant des moyens énergiques de ventilation ou en établissant des courants d'air.

22e *Question*. Dans quelle partie de l'Inde récolte-t-on les plus forts cocons?

Il ne m'est pas permis à moi de résoudre cette question, du moins rigoureusement, attendu que je n'ai pu visiter toutes les parties de l'Inde où l'éducation du ver à soie est en honneur; je dirai seulement qu'à Poonah, dans le Deccan, à la côte Malabar, Bengalor et Pondichéry, où l'espèce de ver à soie qu'on y élève est la même à tous égards, le cocon y est, à quelque chose près, de la même grosseur.

Les saisons, la nourriture et les soins que reçoivent les vers. influent d'une manière sensible sur le plus ou le moins de volume de ce cocon.

23e *Question.* Quelles sont les matières et les odeurs qui nuisent aux vers à soie?

Les feuilles gâtées, la litière laissée trop longtemps sous les vers, etc., nuisent singulièrement à la prospérité de ceux-ci. L'odeur de l'ail, du tabac, des excréments divers, des liqueurs fortes, etc., déplaisent également à ces insectes précieux, et contrarient généralement leur développement. Les secousses violentes, le tapage prolongé, le cri des animaux sans cesse renaissant, dérangent aussi les vers et peuvent les empêcher de se nourrir convenablement, et, par suite, de former leur cocon.

24e *Question.* Quelles précautions prend-on contre les orages; quels en sont les effets sur le ver, le cocon, la graine et la soie elle-même?

Comme les orages dans tous les pays du monde ne sont jamais d'une longue durée, je n'ai pas remarqué, du moins à Pondichéry, où j'ai suivi plusieurs éducations, que leurs effets fussent nuisibles, en aucune manière, aux vers et à leurs produits. Je sais pourtant, et j'ai été à même de le remarquer que, quand l'atmosphère était chargé d'électricité, qu'il tonnait beaucoup et que l'air était calme et tranquille, les vers étaient assoupis, ne se remuaient pas et ne touchaient point à la feuille qu'on leur servait. En projetant de l'air sur eux, c'est-à-dire en agitant l'air sur les claies où ils se trouvaient étendus, au moyen d'un éventail ou autre ventilateur, on les voyait sur-le-champ lever la tête et chercher à manger. Il sera donc nécessaire de fixer en travers, sur les étagères, un ventilateur comme celui qui existe dans la magnanerie du gouvernement à Pondichéry, lequel est composé d'un axe qui traverse ou longe la magnanerie, et de palettes placées en croix sur et dans ce même axe. Celles-ci sont établies entre chaque atelier ou rangée d'étagères. Ce manége est mis en mouvement par deux hommes placés aux manivelles fixées aux deux extrémités de l'axe.

25ᵉ *Question*. Quelles sont les diverses maladies observées dans les magnaneries de l'Inde? quel moyen a-t-on de les guérir ou de les prévenir? à quelles causes les attribue-t-on?

On ne connaît dans l'Inde aucune maladie proprement dite chez le ver à soie, ce qui provient, sans doute, de ce qu'il est élevé pour ainsi dire en plein air et dans une atmosphère naturelle, et, en outre, de ce que l'air est presque toujours sec ou jamais surchargé d'humidité.

26ᵉ *Question*. Quelle différence y a-t-il entre le produit des vers à soie guéris de ces diverses maladies, et le produit de ceux qui n'ont point été malades?

Comme il n'existe aucune maladie à moi connue, la question reste ici non avenue. Il semble naturel de penser que des vers qui ont été malades plus ou moins longtemps ne puissent produire des cocons aussi beaux que ceux qui ne l'ont pas été du tout.

27ᵉ *Question*. Les espèces dégénèrent-elles? par quelles causes? quels moyens emploie-t-on pour les renouveler?

Les espèces ou les variétés ne dégénèrent point, que je sache, dans l'Inde; mais elles s'affaiblissent souvent, ou s'appauvrissent dans le même lieu, au point qu'à la longue elles finissent par ne plus former que de très-petits cocons composés de soie qui n'a ni nerf ni brillant. Pour les renouveler et obvier à cet inconvénient, on fait venir des œufs d'une autre contrée de l'Inde, telle, par exemple, pour Pondichéry, que de Bengalor, situé dans le N. O. et à environ 70 lieues de Pondichéry. Là, le climat est plus froid, les vers, qui y sont bien nourris, s'y conservent toute l'année dans leur état primitif, et les habitants en retirent un revenu satisfaisant.

En général l'affaiblissement dont il s'agit ne provient que du peu de soin donné aux insectes qui doivent se perpétuer et conserver leur espèce. Il conviendrait à chaque éducation, d'en soigner très-particulièrement un certain nombre d'individus, afin d'obtenir de bonnes semences. Par ce moyen on parviendrait à conserver pendant très-longtemps, peut-être toujours, les races de vers, qui donneraient constamment des produits abondants et de bonne qualité. Je ne vois aucune raison pour qu'il puisse en être autrement, car l'insecte, à chaque génération, devient un nouvel être tout-à-fait indépendant de celui qui l'a précédé. D'où suit qu'étant bien soigné, il acquerra un caractère et des qualités qui lui seront propres.

28ᵉ *Question.* Quand l'éducation vient à bien, quelle est la durée de l'existence du ver, de sa sortie de l'œuf au cocon?

L'article 8 et 10 de ces notes répond à cette question.

29ᵉ *Question.* Quelles sont les espèces qui supportent le mieux les influences atmosphériques?

Il a également été répondu à cette question à l'article 7 de ces notes. Voyez cet article.

Relativement à la magnanerie.

1ʳᵉ *Question.* Quelle forme et quels matériaux sont préférés pour le local destiné à l'éducation des vers à soie?

La forme des payotes, des hangars, etc., servant de magnanerie dans l'Inde, est généralement l'allongée. Cette forme de bâtiment permet de construire de longues étagères qui présentent beaucoup de surface et de commodité pour l'éducation du ver à soie. Ces cases sont construites en paille ou en feuilles de palmier; elles sont couvertes des mêmes matériaux. Souvent elles sont bâties en brique et couvertes en tuiles creuses. Les étagères sont faites en bois de palmier (*Lontarus flabelliformis*), et les claies sont tout simplement des paniers d'un mètre de long sur presque autant de large, munis de rebords d'environ 3 pouces de haut, que l'on place sur les étagères. Ces paniers sont assez commodes; mais ils occupent beaucoup de place par leurs rebords qui, réunis et rapprochés les uns des autres, ne servent qu'à gêner la distribution des repas.

2ᵉ *Question.* Comment se garantit-on des fourmis, des rats et autres ennemis des vers à soie?

Voyez, à cet effet, l'article 18 de ces notes où il est répondu à ces questions d'une manière générale et suffisante.

3ᵉ *Question.* Comment sont disposées et construites les tablettes dans une grande magnanerie, et comment dans une petite?

Les tablettes, en général, sont construites de la même manière dans une grande magnanerie comme dans une petite; à cet égard on ne fait aucune différence. Ce sont des étagères disposées les unes sur les autres et distantes entre elles de 18 à 20 pouces environ; on en établit ainsi plus ou moins, selon la hauteur de l'emplacement destiné à l'éducation du ver à soie; cependant le nombre ne doit pas dépasser 7. Elles ont ordinairement un mètre de largeur, et sont placées dans le sens transversal du bâtiment. Ces étagères sont construites avec le tronc du palmier éventail. Des claies légères, dont le rebord a à peine 3 pouces de haut, garnies intérieurement de nattes grossièrement faites, sont placées sur ces étagères en bois de palmier.

4ᵉ *Question.* Quelle est la différence des produits dans les grandes magnaneries et les petites?

Le produit d'une grande magnanerie et d'une petite est en raison, toute chose égale d'ailleurs, de leur étendue. Toutefois il sera plus facile et plus aisé de soigner dans toutes les règles de l'art une petite quantité de vers qu'une grande; par conséquent, toute proportion gardée, une petite magnanerie pourra donner plus de soie qu'une grande et peut-être de plus belle qualité.

5ᵉ *Question*. Quels sont les procédés de délitement et de la distribution de la feuille?

On délite les vers à soie, dans l'Inde, en plaçant sur eux des rameaux garnis de feuilles de mûrier. Les vers montent immédiatement sur ces rameaux feuillés; après on les enlève et on les transporte sur d'autres claies préparées pour les recevoir : ensuite on ôte la litière et on replace le papier ou le linge qui garnit le fond des claies, après qu'il a été bien nettoyé, et on continue de la sorte jusqu'à ce que tout soit fini. Le filet à déliter employé en Chine et ailleurs serait bien préférable sous tous les rapports. On distribue la feuille de mûrier aux vers naissants, hachée bien menu, avec un tamis en rotin qui la répartit très-également. Quand les vers arrivent vers la quatrième mue, on leur sert ordinairement cette feuille à la main et hachée beaucoup moins menu. Il conviendrait cependant de la leur distribuer toujours avec un tamis.

6ᵉ *Question*. De quelle manière et avec quel bois rame t-on?

On rame dans l'Inde avec des branches ou des rameaux de bois de grenadier, *Punica granatum*, et avec ceux du *Lausonia inermis*. Tout autre bois garni de crochets ou de petits rameaux conviendra également bien. On fait avec ces rameaux des epèces de petits fagots ou de balais peu serrés, que l'on place sur l'un des côtés de chaque claie, de manière à ce que les extrémités flexibles se ploient facilement sous les claies et forment une espèce de cerceau ou de berceau bien arqué.

7ᵉ *Question*. Quelle est la tâche d'une personne dans chaque opération de la magnanerie?

La même personne est souvent occupée aux différents travaux de la magnanerie dans la même journée : il faut bien d'ailleurs que tout lui soit familier, sans cela il faudrait beaucoup trop de monde. Dès lors il serait difficile de prescrire une tâche quelconque à chaque ouvrier, puisqu'un même travail n'est pas continu. Ce qu'on peut leur recommander très-expressément, c'est d'exercer une surveillance minutieuse et de tous les instants pour ce qui concerne les soins à donner aux vers à soie.

8e *Question*. Combien une once de graine emploie-t-elle de journées, depuis l'éclosion jusqu'au déramage?

Cela dépend tout à fait de l'activité des ouvriers dont on se sert. Dans l'Inde, à Pondichéry par exemple, j'en ai employé 40, et environ 30 pour le dévidage et l'épluchage des cocons; ce qui fait en tout 70. Le tout m'a coûté 34 roupies. Cette once d'œufs ayant produit 10 livres de soie, qui, évaluée à 9 roupies la livre, comme elle s'est vendue jusqu'ici, donne un total de 90 roupies, restera donc un bénéfice net de 56 roupies.

9e *Question*. Quelle est la proportion du prix de la journée d'ouvrier, pour les opérations de la magnanerie, avec le prix de la livre de cocons?

Cette question me semble difficile à comprendre, par conséquent à résoudre. La journée d'ouvrier pour les opérations de détails, dans l'intérieur de la magnanerie, est fixée, dans presque toute l'Inde, à 30 centimes. La livre de cocons, ou le prix de la livre de cocons, avait été fixé précédemment par M. Saint-Hilaire, et je crois qu'il en est de même dans le Deccan et à Bengalor, à 70 et 75 centimes[1], ce qui établirait une différence de 40 à 45 centimes en faveur de l'éducateur. Si je ne m'étais trompé le bénéfice en serait fort beau.

10e *Question*. Tire-t-on un parti quelconque des excréments des vers à soie et de la litière?

Non, pas que je sache, sinon qu'on les répand sur le sol pour servir d'engrais.

[1] Je trouve dans mes notes que la livre de cocons, à Poonah et dans les environs de Pondichéry, s'est vendue jusqu'à un franc et un franc 25 cent. Ce prix peut donc varier et beaucoup.

11e *Question.* Rame-t-on plusieurs fois de suite avec le même bois; prend-on dans ce cas quelques précautions?

On peut ramer plusieurs fois de suite avec les mêmes rameaux lorsqu'on a soin de les ménager en enlevant les cocons; il suffit pour cela de les descendre des claies avec précaution, d'en retirer les cocons sans briser les brins qui les composent, et de les nettoyer parfaitement.

Relativement au tirage.

1re *Question.* Comment étuve-t-on les cocons? quel degré de chaleur entretient-on dans l'étuve et combien de temps?

On étuve les cocons ou l'on fait périr la chrysalide qu'ils renferment au moyen de la vapeur : à cet effet, on a une chaudière en fer ou en cuivre d'une certaine contenance, fixée dans un fourneau en maçonnerie. Dans l'orifice de cette chaudière, on place un panier que l'on fait entrer de quelques pouces seulement, ayant un pied de profondeur environ. Dans ce premier panier, qui est fabriqué avec des lanières de bambou très-minces ou de rotin, on en place un second de même façon et de même construction, mais plus profond et muni d'un couvercle; dans celui-ci on met les cocons à étuver, puis on rabat le couvercle qui est attaché par deux liens mobiles sur un des côtés. La vapeur qui s'élève de la chaudière, quand l'eau est en ébullition, traverse rapidement le premier panier qui est vide, et arrive promptement dans celui où se trouvent les cocons. Pour s'assurer si les chrysalides ont toutes éprouvé l'influence de la vapeur, on soulève le couvercle d'une main et l'on présente le revers de l'autre à la surface du panier; si elle ne peut résister un instant ainsi placée, et qu'on soit obligé de la retirer brusquement, par suite d'une forte impression de chaleur, on a la preuve que les chrysalides sont mortes ou étouffées définitivement. On enlève alors le panier immédiatement; on va en vider les cocons sur des claies placées à l'air et à l'ombre, où ils sont étendus assez clair pour qu'ils puissent se sécher promptement. Cette opération dure à peine 5 à 6 minutes; on remet ensuite de nouveaux cocons dans le panier, et l'on continue de la sorte jusqu'à ce que tous soient étouffés. On doit les étaler sur les claies avec précaution et avec la main.

2e *Question.* Connaît-on quelque autre procédé que celui de l'étuve pour faire périr la chrysalide sans offenser le cocon?

M. Mutti, à Poonah, emploie le feu; il place dans un panier une certaine quantité de cocons, qu'il présente ensuite sur un brasier ardent dont la flamme est éteinte et ne conserve plus aucune fumée. La personne qui tient ce panier le tourne sans cesse sur lui-même en le secouant chaque fois pour changer les cocons de place, et a la plus grande attention que ces cocons ne se roussissent et ne se brûlent; lorsqu'il croit les chrysalides tuées il retire son panier. Ce moyen me paraît délicat et fort difficile à mettre en pratique; je ne pense pas qu'il remplisse le but que l'on se propose.

Dans beaucoup d'endroits on emploie le four chauffé à un certain degré, et après qu'on en a retiré le pain. Je pense qu'on devra s'en tenir, pour le moment, à la vapeur, qui me paraît parfaitement remplir le but que l'on se propose, sans présenter les inconvénients des autres procédés.

3e *Question.* Ces procédés ou l'étuvement lui-même altèrent-ils la qualité de la soie ou augmentent-ils les difficultés du tirage?

Quand on exécute mal les opérations qui s'y rattachent et que l'on ne prend pas toutes les précautions nécessaires, il en résulte que la qualité ou le brillant de la soie se détruit, et que le brin perd de sa force. Dès lors on éprouve nécessairement plus de difficultés à la dévider.

4ᵉ *Question.* Dans quel état se vendent les cocons, choisis, étuvés, ou tels qu'on les obtient au déramage?

Les cocons se vendent ordinairement triés ou étuvés : on en connaît de deux à trois sortes; mais il y aura plus de bénéfice en les vendant sortant des rameaux, parce qu'ils pèsent plus. Il est vrai que l'on tient toujours compte de la différence, ce qui revient au même. On les vend triés, bien entendu : les plus étoffés et les plus fermes se vendent séparément; les chiffonnés et les mal conformés, également à part.

5ᵉ *Question.* Quel est le rapport ordinaire du prix d'une livre de cocons au prix d'une livre de soie?

Ainsi que je l'ai dit précédemment, la livre de cocons se vendant 70 à 75 centimes[1] et la livre de soie 9 roupies, 10 livres de cocons donnant une livre de soie, il en résulte que la livre de soie provenant de ces cocons coûte, à l'acheteur, 7 francs et 7 fr. 50 cent.; d'où il suit qu'il lui reste un bénéfice brut de 14 francs et de 14 fr. 10 cent. Il aura à déduire de ces sommes les frais du dévidage.

6ᵉ *Question.* Quel moyen d'appréciation emploient les acheteurs pour s'assurer de la qualité des cocons?

Celui de la balance, c'est-à-dire qu'ils les pèsent préalablement, et le résultat en poids indique la bonne ou la mauvaise qualité des cocons, surtout s'ils sont beaux et s'ils paraissent propres à la vue.

7ᵉ *Question.* Quelle différence fait l'acheteur, quant au prix, entre le cocon dont la chrysalide est desséchée et sonne, et celui dans lequel la chrysalide est vivante, toutes autres circonstances restant les mêmes?

Il en fait naturellement une très-grande : il faut bien plus de cocons pour en faire une livre quand la chrysalide est desséchée et sonne, que quand cette même larve est

[1] Ce prix varie comme je l'ai fait remarquer précédemment.

vivante et pleine. Il payera plus cher de beaucoup la livre des premiers que la livre des derniers ; ce qui, à la rigueur, ainsi que je l'ai déjà dit, reviendra toujours au même.

8e *Question*. Quel est le rapport qu'il y a entre le prix des cocons dont il faut 10 livres pour faire une livre de soie, et le prix de ceux dont il faut 12 et 15 livres pour faire une livre de soie ?

Il est clair que les cocons dont il ne faut que 10 livres pour faire une livre de soie se vendront mieux que ceux dont il faudra 12 et 15 livres. Le rapport pourra être, pour les premiers, de 75 centimes, et de 70 centimes pour les derniers. C'est un point, ce me semble, qui ne devra jamais embarrasser le producteur ni l'acheteur.

9e *Question*. Quel bénéfice compte-t-on faire en général par le tirage sur une livre de soie provenant de cocons achetés, abstraction faite des strasses et des chrysalides ?

Voyez, à cet effet, l'article 5 de ces notes, où il a déjà été répondu à cette question.

10e *Question*. Quelle valeur attribue-t-on aux strasses et aux chrysalides ? à la bourre et aux cocons percés ?

Une très-minime. Les strasses ou la bourre de soie sont filées au fuseau par les femmes du pays, qui en font des foulards et autres tissus grossiers. Je n'ai jamais vu que l'on en fît un objet spécial de commerce à l'état brut. La chrysalide est jetée aux volailles qui en sont très-friandes. On ne tire, que je sache, aucun parti des cocons percés, parce qu'on ne sait pas, sûrement, les préparer.

11e *Question*. Quels sont les appareils employés pour le tirage de la soie, et quels sont les avantages et les inconvénients de chacun ?

On emploie, pour tirer la soie, des dévidoirs montés avec des roues d'engrenage ou sans roue d'engrenage. Les premiers sont préférés en ce que la soie y est plus tendue, plus tirée, et que le mouvement de rotation est plus accéléré et plus régulier; mais ces métiers coûtent fort cher. Ceux dépourvus de roue d'engrenage, comme celui que j'ai introduit dans la colonie pour servir de modèle, sont bien suffisants et coûtent plus de moitié moins que les premiers. Quand on a soin de tenir la corde qui fait marcher l'asple et le va et-vient toujours bien tendue, la tension de la soie a lieu comme sur le premier, et on peut arriver aux mêmes résultats en allant aussi vite[1].

12e *Question.* Quelle vitesse recherche-t-on dans chacun des ces appareils pour obtenir la tension convenable sans casser le fil et accélérer l'opération?

Il n'y a aucune règle fixe pour déterminer d'une manière précise ce mouvement de célérité et de rotation. Du reste, que ce mouvement soit lent ou accéléré, la soie, ce me semble, n'en est pas moins également bien tendue, surtout si l'observation que j'ai faite dans l'article précédent, relativement à la roideur de la corde qui fait marcher le rouet, est prise en considération. Au surplus on tourne le dévidoir d'autant plus vite que le rattacheur est plus habile. Voyez, pour la construction de ce rouet, le modèle ou celui que j'ai apporté de l'Inde, qui se trouve déposé au secrétariat du gouvernement à Saint-Denis.

13e *Question.* Comment les fourneaux sont-ils construits?

Les fourneaux, dans les endroits de l'Inde que j'ai visités, sont construits de la manière la plus simple; ils sont faits de brique et de chaux : leur forme est ronde ou carrée. Le foyer, qui est surmonté d'une grille d'environ 6 pouces d'élévation au-dessus du sol, est placé en dehors; une porte en fer d'environ un pied carré, ayant dans son milieu une autre petite porte également en fer, ferme l'ouverture de ce foyer. La surface du fourneau a environ deux pieds et demi

[1] J'ai fait ajouter à ce rouet, avant de quitter la colonie, le croiseur mécanique de *Vaucanson* qui m'a paru utile et donner de bons résultats. — Depuis que je suis de retour, j'ai appris qu'on avait perfectionné cet instrument.

carrés : la hauteur est à peu près de même dimension. Au centre du fourneau est placé la bassine, qui y est mobile, pour qu'on puisse l'enlever et la replacer à volonté. Cette bassine a, ordinairement, 15 pouces de diamètre sur 3 pouces et demi environ de profondeur ; elle est en cuivre : un tuyau en terre cuite est placé dans un des angles du fourneau qu'il surmonte, et sert de cheminée ; il a environ 10 pieds d'élévation, c'est-à-dire de longueur.

14e *Question*. Quel est le degré de chaleur de l'eau ?

L'eau dans laquelle on dévide la soie doit être chauffée de manière à ce qu'on puisse à peine y supporter la main (de 60 à 70° centigrades) ; du reste cela dépend de la grosseur et de l'âge des cocons ; si on la chauffait trop, la soie perdrait de son nerf en se dégommant au delà du point convenable, et elle se délustrerait complétement. Il suffit d'ailleurs que les fils de soie qui sont agglutinés et collés ensemble dans le cocon se désunissent assez vite pour qu'on puisse les obtenir isolément et sans effort, et que le cocon ne suive pas le fil en passant sur le dévidoir : le cocon, en s'arrêtant sur la filière, ferait rompre le fil et retarderait ainsi l'opération.

15e *Question*. La distance de la bassine au dévidoir ?

La distance de la bassine, qui contient les cocons au moment du dévidage, doit être et est toujours de 6 pouces environ du dévidoir ; elle ne doit pas en être plus éloignée, parce que le rattacheur, qui se trouve placé en dedans et derrière la bassine, ne pourrait pas atteindre commodément les filières qui sont fixées au rouet, pour y passer les fils de soie et les rattacher promptement. Il faut donc, de toute rigueur, que la bassine et le rouet soient à sa portée ; il rajuste ainsi plus facilement.

16e *Question*. L'exposition de la filature, c'est-à-dire au grand air ou dans un endroit clos ?

Dans l'Inde, j'ai vu dévider la soie sous une varande, ou espèce de hangar. Je présume que cela peut être indifférent; cependant il ne faudrait pas que l'on fût exposé à l'air, parce que l'eau contenue dans la bassine se refroidirait, ce me semble, trop vite, et que la poussière qui serait soulevée par le vent la salirait, aussi bien que la soie. On évite cet inconvénient en établissant ses dévidoirs dans une case fermée, soit avec des paillassons, soit avec des murs en pisé.

17e *Question.* Si l'on file dans un temps sec ou humide?

On peut filer ou dévider, dans l'un et l'autre cas, sans aucun inconvénient; cependant, dans le dernier, il faudrait tenir sous le dévidoir une bassine de braise ardente et sans fumée, pour sécher la soie au fur et à mesure qu'elle passe sur l'asple ou le dévidoir.

18e *Question.* Quelle quantité donne dans un jour chacun de ces appareils?

La quantité de soie tirée dans un jour par un dévideur dépend tout à fait de l'habileté de cet ouvrier et de la qualité des cocons qu'il emploie. Lorsque ce dévideur a acquis l'habitude de l'opération dont il s'agit, et que les cocons sont bons et parfaitement formés, il peut tirer une demi-livre de soie, et quelquefois plus, à 4 et 5 cocons par brin; mais il faut qu'il ait de l'eau chaude toute prête pour renouveler celle de sa bassine lorsqu'elle est sale et saturée de gomme. Pour ne jamais manquer d'eau chauffée à point, il conviendrait d'avoir une grande chaudière placée dans un fourneau sous lequel il y aurait une grille, d'où partirait un tuyau de communication qui apporterait l'eau dans les bassines qu'on aurait disposées sur une même ligne; par ce moyen on ne serait jamais arrêté et on accélérerait puissamment l'opération.

19e *Question.* De quelle manière ces appareils sont-ils conduits? l'opération est-elle suspendue dans la journée quoiqu'il reste des cocons dans la bassine? travaille-t-on la nuit?

Les dévidoirs sont mus à bras d'hommes ou d'enfants, au moyen d'une manivelle fixée à l'une des extrémités de l'axe qui traverse et supporte l'asple. Disposés en conséquence, l'homme ou l'enfant pourrait ainsi en faire mouvoir 3 à 4 à la fois, au moins. On ne suspend jamais le dévidage tant qu'il y a des cocons dans la bassine; au contraire, on dévide de suite et dès que les cocons sont trempés de manière à laisser dérouler facilement toute la soie qui les constituent; à ce défaut celle-ci se dégommerait entièrement et perdrait ses qualités les plus précieuses. On ne dévide jamais la nuit, quoiqu'on pût le faire, ce me semble, sans inconvénient, surtout si l'on était éclairé convenablement.

20e *Question*. A-t-on reconnu la nécessité de prendre quelque précaution pour la conservation de la soie en magasin?

Sans aucun doute. Il faut absolument, surtout dans les pays chauds, renfermer la soie dans des caisses en fer-blanc ou en bois, fermant hermétiquement, aussitôt qu'elle est enlevée de l'asple ou du dévidoir, et qu'elle est parfaitement sèche; sans cela les insectes, qui en sont très-friands, la dévoreraient en très-peu de temps, et l'action de l'air en détruirait le brillant promptement.

21e *Question*. Combien de cocons réunit-on pour faire un fil de soie pour étoffe? combien pour le fil le plus fin ayant cette destination, et combien pour le plus gros?

Cela dépend tout à fait de la grosseur et de l'espèce de ver à soie. Dans l'Inde et dans le Deccan surtout, on ne réunit jamais plus, pour le fil le plus fin, de 3 à 4 cocons ensemble, et pour le fil le plus gros de 10 à 11. Ces deux sortes de fil servent à faire des étoffes de grosseurs différentes.

22° *Question*. Quel est le fil qui, eu égard seulement à la grosseur, offre le plus de bénéfice et une défaite plus sûre et plus prompte?

Cela dépend beaucoup du soin et des précautions que prend, dans le dévidage, la personne chargée de cette opération. Une soie fine, c'est-à-dire composée de 3 à 4 brins bien dévidés, aura toujours une valeur réelle et positive dans le commerce, et se vendra, par conséquent, plus cher que celle tirée à 10, 11 et 15 cocons. Cependant, il faut le dire, celle-ci est aussi très-recherchée pour les étoffes qui exigent de la solidité; et, comme il est plus facile de la dévider que la première et qu'elle est assez généralement plus régulière, eu égard à sa grosseur, on en trouve toujours un débit facile et prompt.

23e *Question*. Quelle longueur de fil y a-t-il dans une livre de soie la plus fine, et quelle longueur dans la plus grosse?

J'avoue que je n'en sais rien et que je n'ai point songé à m'en rendre compte. Du reste, je ne vois pas que la solution de cette question puisse servir en rien à l'éducateur de vers à soie. Il suffit à celui-ci de connaître le poids exact de ses cocons et celui de la quantité de soie qui en résulte.

24e *Question*. Quel rapport y a-t-il entre le prix de la journée de la fileuse et le prix d'une livre de soie, et entre la journée d'une fileuse et celle d'une rameuse?

Si une fileuse qui, dans l'Inde, est payée 12 sous ou 60 centimes par jour, tire dans sa journée une demi-livre de soie, ce qui arrive ainsi que j'ai eu occasion de le dire, et que cette soie obtenue vale 12 francs de France, il en résultera un bénéfice de 11 francs 40 centimes pour le producteur; ou, en d'autres mots, un rapport entre la journée du fileur et du prix de la soie, de 60 centimes à 11 francs 40 centimes; entre une fileuse et une rameuse il y a une différence de 30 centimes; c'est-à-dire qu'une dévideuse gagne 60 centimes, et une rameuse 30 centimes par jour.

Série de questions à ajouter à celles qui précèdent.

1re *Question.* A quel caractère extérieur reconnaît-on les sexes dans les cocons?

Dans l'Inde, l'espèce de ver à soie qu'on y élève produit un cocon dont les sexes se reconnaissent aux caractères suivants : pour le cocon femelle, en ce qu'il est rond et renflé dans un bout, pointu et plus mince dans l'autre. Le cocon du papillon mâle, au contraire, est parfaitement cylindrique, plus petit de beaucoup et pointu des deux bouts.

2e *Question.* Combien la chrysalide reste-t-elle de temps dans le cocon avant de se transformer en papillon, et au bout de combien de jours, après la formation du cocon, ce papillon perce-t-il celui-ci?

Depuis la formation du cocon jusqu'à la sortie du papillon, dans la saison froide, c'est-à-dire depuis décembre jusqu'en mars, il se passe 10 à 12 jours, et dans la saison chaude, mars, avril, mai, etc., 6 à 8 jours au plus.

3e *Question.* Le papillon s'accouple-t-il immédiatement après la sortie du cocon, et combien de temps reste-t-il accouplé?

Il s'accouple souvent peu de minutes après la sortie du cocon, et quelquefois une heure après. Pendant ce temps il déploie complétement ses ailes et se débarrasse de toutes les matières dont il est imprégné. Il reste souvent accouplé pendant 24 heures de suite sans se désunir si rien ne le dérange, et s'il est fort et vigoureux; après un instant de repos il s'accouple de nouveau soit avec la même femelle, soit avec une autre; mais on ne doit point le laisser auprès des femelles qui ont déjà été accouplées, parce qu'en se réunissant de nouveau à elles cela nuirait à la ponte et la retarderait de beaucoup. On place les mâles et les femelles, pendant l'accouplement, dans un panier garni de papier ou de linge, ou dans une boîte percée de trous; ils doivent être tenus dans une obscurité complète durant cette fonction.

4e *Question.* Combien une femelle forte et bien constituée pond-elle d'œufs, et combien met-elle de temps à ce travail?

Elle peut en pondre depuis 375 jusqu'à 500, et cela dans l'espace, et même moins, de 12 heures; elle doit, pendant cette ponte, être tenue dans l'obscurité et à l'abri de tout bruit et de tout mouvement brusque.

5e *Question.* Combien de temps, depuis la ponte, l'œuf du ver à soie reste-t-il à éclore?

Dans la saison froide, dont j'ai parlé plus haut, les vers naissent 10 à 12 jours après la ponte des œufs, et dans la saison chaude 6 à 7 jours après, et cela naturellement, sans l'emploi d'aucune chaleur factice ou artificielle.

6e *Question.* Peut-on conserver longtemps en bon état les cocons après qu'ils ont été étuvés, ou après que la chrysalide a été tuée par un moyen quelconque?

Il m'a été assuré, dans le Deccan, qu'on ne devait et qu'on ne pouvait, sans s'exposer à un déchet considérable, prolonger le dévidage des cocons au delà de 30 à 40 jours au plus; et que, passé ce temps, la soie se rompait et se détachait par fragments, à moins que les cocons n'eussent été renfermés, après leur dessiccation complète, dans des caisses à l'abri du contact de l'air; encore ne pouvait-on pas répondre d'être entièrement à l'abri de cet inconvénient; c'est d'ailleurs ce que j'ai moi-même eu occasion de remarquer. On ne doit pas non plus commencer le dévidage des cocons avant le cinquième jour de leur formation, c'est-à-dire 5 jours après qu'ils ont été déramés. Le déramage, ou la cueillette des cocons, peut se faire 30 heures après leur formation complète, et lorsque la chrysalide ballotte dans le cocon quand on le remue. On ne commence à étuver ceux-ci que 4 à 5 jours après qu'ils ont été déramés; on peut, si on le désire, commencer à les dévider dès le quatrième jour, sans les avoir préalablement passés à l'étuve. Si on pouvait tous les dévider de la sorte, cela n'en serait que plus avantageux, parce que l'on obtient ainsi la soie dans tout son lustre, et on ne court pas la chance de perdre une partie des cocons, comme cela n'arrive malheureusement que trop souvent, en les soumettant à l'étuve ou à d'autres moyens énergiques d'étouffement; moyens qui, du reste, tendent tous, plus ou moins, à altérer le brillant de la soie, et à exposer un bon nombre de cocons à être percés par les papillons dont la chrysalide n'a pu être atteinte par l'action de la chaleur.

Saint-Denis, île Bourbon, le 12 juillet 1839.

PERROTTET.

IMPRIMERIE ROYALE. — Juin 1840.

www.ingramcontent.com/pod-product-compliance
Lightning Source LLC
LaVergne TN
LVHW012023160826
845678LV00002B/993

* 9 7 8 2 3 2 9 6 5 7 9 8 1 *